我的家在中國・道路之旅③

你想聽哪個
水鄉的故事

京杭大運河

檀傳寶◎主編　葉王蓓◎編著

中華教育

滿天星星的夜晚，我們走進運河人家，一
邊聽着流水汩汩，蟋蟀在暗處清唱，
一邊聽老人搖着扇子，慢悠悠地，
講這條河的故事。
那麼多水鄉的故事，你想先
聽哪一個？

目錄

故事一　是誰建起了大運河

故事二　大運河沿岸

故事三　沿着運河往南走

故事四　運河水往何處流

是誰建起了大運河

夫差，掀開大運河第一頁

京杭大運河的第一頁，是一個叫夫差的人掀開的。

那是 2500 多年前的春秋時期，夫差是吳國的國君。他把南方的越國打得落花流水，越國的

國王勾踐屈服求和，還送來了一位絕世美女——西施。關於她的美貌，有太多成語，比如「沉魚落雁」「東施效顰」「西施捧心」。

得到這樣的大美人，夫差一有空，就去看她跳舞，他的工作時間自然就減少了。在那個戰爭不斷的年代，國君沉迷女色不思政務很容易誤國。越國使用的正是美人計。而這個時候，越國的勾踐正在暗地裏實施他很出名的「臥薪嚐膽」計劃，據說他每天睡在柴草上，吃飯前還嚐一嚐苦膽，以此來提醒自己發憤圖強，不忘打敗吳國的志向。

這個情況，夫差當然是不知道的。他以為打敗越國，南方就後顧無憂，就可以北上攻打其他國家啦。這個時候，夫差遇到一個問題，攻打北方，需要運送軍糧，陸地上道路不太暢通，而吳國的核心地段太湖流域密佈着湖泊河流。所以，夫差乾脆決定，把湖泊河流連接起來，從而形成一條可以通往北方運送軍糧的水上通道。於是夫差徵集了許多百姓挖河，當時的場面，史書上說，人們舉起來的鐵鍬就密得像雲一樣。從此，長江、淮河之間就水路貫通了。由於這一段水路，是以邗城（今揚州）為起點的，所以就叫作邗溝。

那一段時間夫差的實力和運氣都不錯，連着打了很多勝仗。只是，仗打多了，連年興師動眾，國力虧空。與此同時，南方的越國卻越來越強大，最終，一雪前恥打敗了吳國，而夫差也只好落得個自刎身亡的下場。

關於夫差亡國，有人說是因為西施紅顏禍水，也有人說邗溝工程浩大，勞民傷財埋下了禍根。

不管如何，大運河最早的一段就這樣誕生了！

水運強國

春秋時期的吳國，位於太湖流域。當地的老百姓善於棹楫駕舟，樂於開發利用河道，無疑是一個水運發達的國家。吳王夫差呢，也在這方面嘗到了甜頭。你看，他叫人挖人工河連接太湖、長江，然後帶着軍隊，出其不意，從海上進攻越國，打敗了勾踐。在他向北方爭霸的過程中，修建邗溝，也打敗過楚國、齊國。那麼，乾脆和位於河南的晉國、宋國，山東的魯國合作，再挖些運河，把邗溝的河道繼續往北邊延伸，於是，大運河慢慢延長到了黃河。

隋煬帝的揚州夢

一眨眼，到了公元 7 世紀。這時的長安住着一個皇帝，他就是隋煬帝楊廣。

這天早上，他笑眯眯地起床，一路從花園裏走去和大臣們碰頭。到了開會的地方，他的臉色卻變了，陰沉沉的。

原來，他昨晚做了一個夢，夢裏的鮮花美麗無比。結果他在花園裏轉了一大圈，不僅沒有人幫他種上這種花，甚至他園子裏的花沒有一朵能比得上夢中的花！

「一幫懶蟲！」隋煬帝憤憤地責怪園丁。

其實隋煬帝錯怪園丁了。他詳細描述夢見的花後，大臣們誰也沒見過。隋煬帝只好找了紙和筆畫下來。大家建議貼到城牆上，讓更

隋代

隋代（581 — 618）是中國上承南北朝下啟唐代的重要朝代，因唐代與隋代的文化、制度、社會特點一脈相承，故史學家常將兩朝合稱隋唐。581 年，北周靜帝被迫禪讓帝位於楊堅，即隋文帝，建國隋代，定都大興城（今陝西西安），隋煬帝營建東都洛陽。隋代統一了中國，結束了自西晉末年以來長達 300 年的分裂局面。

但隋煬帝過度消耗國力，最後引發了隋末民變和貴族叛變，最終亡國。

多的人看看，說不定，就有人認識這種花。

終於有一個人認識，他進宮告訴隋煬帝，這是瓊花，長在揚州。揚州？隋煬帝的腦子轉了好幾個圈，才成功把揚州的定位從中國的西邊繞到東邊。

隋煬帝在思考的時候，在場的大臣們也都緊張起來。誰知道這個古怪的皇帝會想出甚麼古怪的法子來。因為他即位不久，就曾經在洛陽搞出了全國最大規模的建築工地，說甚麼要建東都。

隋煬帝又笑瞇瞇起來：「我要坐船去揚州看瓊花！強調一下，我只坐船喲！」

大家都還沒有明白的時候，負責建築的官員們卻個個一頭冷汗。

怎麼了呢？

原來，中國雖然有很多河，但是由於我國地勢基本上是西高東低，所以大部分河流都是由西向東流的。就算隋煬帝從西部長安出發，沿着黃河向東去了，但是，他也是無法坐船到南方的。必須換乘其他交通工具，比如馬車、轎子，再往南走，才能到達揚州的。如果按照隋煬帝的要求，只坐船去揚州，那恐怕只好給他的船底下裝車輪，讓馬、牛給拉過去！怎麼解決這個大難題呢？

何去何從的運河

黃河

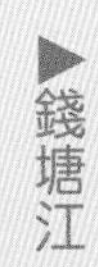
錢塘江

長江

海河

(1) 我國西高東低，這幾條河水都向（　　）流。

A. 北　　B. 南　　C. 東　　D. 西

(2) 請幫隋煬帝想一想，如果只依靠原有的幾條水系，隋煬帝怎樣才能去到揚州？用彩色筆在地圖上畫出你的路線。

(3) 根據下圖所示的京杭大運河路線，在地圖上用彩色筆標出京杭大運河的路線。

(4) 有了京杭大運河，從長安到揚州，最快捷的路線是哪一條？請用彩色筆標出來。

▲淮河

沾滿血淚的航道

儘管京城的官員們冷汗淋漓，他們辦事還是很有效率的，很快就決定，讓老百姓們不計一切代價，挖出人工運河，好讓隋煬帝可以一路坐船去揚州看花，保住自己脖子以上的部位：腦袋和烏紗帽。運河工程的詳細方案很快確定，一討論，大家都同意把隋煬帝最喜歡的長安、洛陽做中心，把隋煬帝喜歡去的江南做南方終點，順便把北方的涿郡（今北京）作為北端終點，挖出幾段人工河，把黃河、長江、淮河都連起來，這樣從都城去揚州，水上交通就可以暢通無阻。

老百姓們，想發表點意見？京城的官員們嘿嘿一笑，吩咐開河督護們，去監督老百姓們挖河吧！開河督護們帶着軍隊出發了，在各地徵民工兩百萬人。那個時候，全中國的人口就四千五百多萬。老百姓們不但不能對隋煬帝的夢發表點意見，而且連他們自己的身體都不屬於自己。被徵去挖運河的人們，到底有多少最後安全回到家鄉的？歷史學家們也沒有辦法給我們具體答案。當時的情況是，先徵青壯年男子去挖河，慢慢地，村子裏都找不到男性了，就徵婦女去挖河。到了最後，大家都明白了，挖運河是有去無回的。有人就想了一個辦法，把自己的手和腳砍掉，身體殘疾，拉去也挖不了運河，就逃過一劫。這個「福手福足」的做法還流傳開來，許多人被迫傷害自己的身體。

隋煬帝修建運河使得民不聊生，當然隋煬帝因此也不會有甚麼好下場。不過運河修建的速度確實是驚人的。

用短短幾年的時間，外加利用自然的河流湖泊、古運河，世界上古今中外最長的大運河就誕生了。它一共有通濟渠、永濟渠、邗溝、江南河四段，溝通了錢塘江、長江、淮河、黃河、海河五大水系。依靠它，經濟發達的南方，可以把更多的糧食、生活用品源源不斷地運往北方，而北方的政治中心也可以緊緊抓住南方人民的心。中國大地上的兩個文明巨頭，黃河流域和長江流域的文明，被大運河連接起來了，中國南北地區終於成為一體。

當然，後來為了縮短運輸距離，大運河變得越來越筆直。

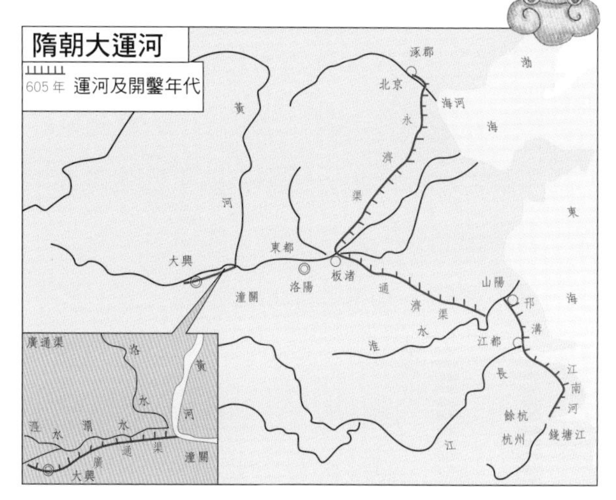

▲隋朝大運河的路線

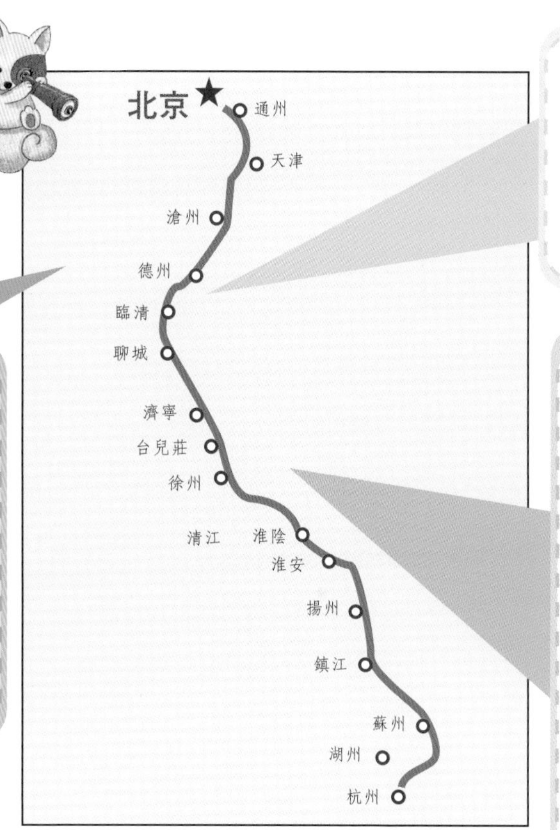

▲現代大運河的路線

現在的京杭大運河是中國僅次於長江的第二條「黃金水道」，價值堪比長城。

至 2012 年，京杭大運河的通航里程為 1442 公里，其中全年通航里程為 877 公里，主要分佈在山東、江蘇和浙江三省。

京杭大運河全程可分為七段：

(1) 通惠河；

(2) 北運河；

(3) 南運河；

(4) 魯運河；

(5) 中運河；

(6) 裏運河；

(7) 江南運河。

水殿龍舟

605 年，秋月正圓的時候，隋煬帝迫不及待登上前往揚州的龍舟。那是一艘「高四十五尺，闊五十尺，長二百尺」的大船，無比豪華，可以說就是水上的宮殿。跟隋煬帝一起沿運河南下的還有皇后、文武百官、諸王公主等。他們分別乘坐不同的船。所以，隋煬帝南下的船隊非常龐大，據說這麼多船，開了 50 天，才全部開出碼頭。為了安全，運河兩岸有二三十萬的士兵保護船隊；為了美觀，岸邊種上了柳樹；為了讓船開得更快，岸上還有八萬人拉船。

雖然隋煬帝又蓋宮殿，又打仗，又挖運河，又造龍舟，又要徵人拉船，老百姓死傷無數，隋朝的人口還是沒有被他折騰完。這個時候，輪到住在運河邊的老百姓被折騰了，船隊每到一個地方，就讓沿岸的老百姓準備食宿。還讓老百姓為王公貴族準備山珍海味……老百姓們，還會相信隋煬帝出發前宣告天下說的「我去南方巡遊，只是為了看看各地的風俗，聽聽老百姓的意見」的謊言嗎？

隋煬帝擺這麼大的排場，據說，也有他的理由。南北統一之前，南方經濟文化很發達，所以，江南人以文化發達自居，不太看得起北方人。所以，隋煬帝的手下們出了很多主意，比如在皇帝的衣服上畫日月星辰啦，用鳥的羽毛來裝飾儀仗隊啦。還有，到了揚州，把絲綢纏在樹上啦，這樣一來，大家，包括聚集在當地的外國人都可以看到隋朝的實力……

這樣奢侈的坐船巡遊，隋煬帝搞了好幾次。老百姓忍受不了隋煬帝的暴政，揭竿而起反抗了。618 年，隋煬帝被殺，隋朝滅亡。

那麼，隋煬帝有沒有看到揚州美麗的瓊花？傳說，隋煬帝出發前，揚州城的瓊花就被一場冰雹全部砸死。也就是說，他最終也沒有看到夢中的花！

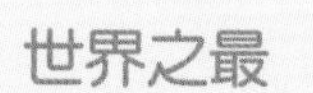

京杭大運河全長1794公里，它是世界上開鑿最早、長度最長的一條人工河道，其長為蘇伊士運河（190公里）的9倍，巴拿馬運河（81.3公里）的22倍。

《汴河懷古・其二》
盡道隋亡為此河，
至今千里賴通波。
若無水殿龍舟事，
共禹論功不較多。

晚唐文學家皮日休曾作一詩，你能體會詩中的意思嗎？

楊柳的得名

隋煬帝要求運河邊種柳樹，並宣佈把自己的「楊」姓賜給柳樹，所以有了楊柳的說法。

故事二 大運河沿岸

北京城是漂來的

儘管大運河的開鑿十分艱辛，這條蜿蜒的運河還是慢慢地顯現出它的魅力。

你聽，北京人有一句俗話：「北京城是漂來的。」說的，就是大運河和北京的故事。

這個故事要先從元代講起。那時候，元大都的糧食、絲綢、茶葉、水果等生活物品，大部分都是通過大運河從南方運來的。從江南魚米之鄉出發的船隻，慢慢悠悠，一路開到積水潭——京杭大運河北端的碼頭。元代為了加強大都的漕運而修建了一條人工河——通惠河，河水在流入城市以後形成了一個巨大的湖泊，名為積水潭。積水潭裏常常擠滿船隻。這麼熱鬧，以至於元世祖忽必烈都曾經興沖沖騎馬來河邊看熱鬧。

積水潭？北京地鐵好像有這麼一個站名？你去過那裏嗎？那附近有哪些有趣的東西？我以前常常從那裏路過，記憶裏，從地鐵站一級一級台階上來，一個出口邊上，有道高高的牆，寫着：郭守敬紀念館。我從來沒有進去過。後來聽說，正是因為郭守敬挖出了城內運河段，大的船才不用停靠在通州，可以直接進入北京市中心。為此，忽必烈還給了郭守敬很大的獎賞呢。

從積水潭往東南方向走，可以到什剎海，在那裏我們可以坐着三輪車看看老北京的胡同、王府，也可以坐在湖邊，碎碎的陽光從樹葉間灑下來，落在身上，看看屋頂上的肥貓走來走去，湖裏的小魚不時躥出水面。

我們再跟着積水潭的流水一直走，運河的水，一直流到了天安門前的金水橋。橋後面的宮殿，有 999 間房子，我們叫它紫禁城。紫禁城的宮殿建得高大雄偉、金碧輝煌。而支撐宮殿的柱子，竟有十幾米高。這麼多年過去了，紫禁城的房子仍然很好，這和良好的建築材料有關，因為它們大部分是珍貴的楠木、杉木。但是，它們的產地，在遙遠的南方，比如說雲南、湖北、湖南等。那麼，這些大木頭是怎麼來到北京的呢？據說砍倒大樹後，要等到雨季，發大水，靠山洪把它們沖下來，然後通過大運河運到北京。而蓋紫禁城的磚，大都是長江以南的蘇州、南京、常州、鎮江、松江等地燒的，也是通過大運河運到北京。

難怪，老百姓形象地說北京城是跟着運河水漂過來的！

▲元戲曲場面壁畫

你方唱罷我登場——積水潭

忘記告訴你，那時候的積水潭，包括今天的什剎海、後海所在的地方，那裏開着各種店鋪：米麪、柴炭、服裝鞋帽、鐵器。尋常百姓、達官貴人、商賈人士都在這裏來來往往。所以，給人們助興的一種藝術——元曲不僅在北京興起了，還把積水潭作為主要的演出地點。元曲名家裏，把自己寫成「蒸不爛、煮不熟、捶不匾、炒不爆、響噹噹一粒銅豌豆」的關漢卿；「枯藤老樹昏鴉，小橋流水人家，古道西風瘦馬。夕陽西下，斷腸人在天涯」，寫出異鄉遊子心情的馬致遠；把紅娘寫出名的王實甫，都是北京人。

積水潭在元明清三代一直是北京的藝術文化中心。從明清開始，積水潭慢慢轉化成了貴族文人遊賞的地方，失去了漕運的功能。

我是北京人關漢卿，被譽為「雜劇班頭」。

你們都不了解我馬致遠對家鄉北京深切的思念之情。

我是王實甫，也是北京人，寫了很多婉約動人的愛情故事。

天津人講安徽話

我們離開北京，沿着運河順流而下，進入的第一個大城市就是天津。

在天津，我聽過一個這樣的笑話。一個天津人到安徽出差，車上有兩個人搶座位吵起來了，那口音聽着，完全是純正天津話。於是，這個熱心的天津人就上前勸架了：出門在外那麼遠，不容易，大事化小，小事化無，都別吵了嘛！那兩個剛剛還吵得很厲害的人都轉過腦袋，一臉驚訝地說：「誰出門在外？我，我就是這兒的！」

原來，這倆發生不愉快的「天津人」是安徽本地人！那個真的天津人覺得太吃驚了。甚麼情況？安徽人也講我們天津話？

不是安徽人講天津話，而是天津人講安徽話才對。甚麼原因呢？

我們先從在隋朝運河開通講起，那時候還沒有天津這個城市，但是天津所處的位置，正好是南運河、北運河、海河匯合的地方，無疑是碼頭設置的理想地點。所以，這個地方就變得越來越繁華。

後來，明代的時候，這個地就取了「天津」這個名字。據說，是明代皇帝賜的名字，意思是天子的渡口、碼頭。這個皇帝，就是明成祖朱棣，他在做皇帝之前，他爸爸派他帶了許多士兵駐守在天津、北京。有趣的是，朱棣是安徽鳳陽人，他帶來的士兵大部分也是安徽人。這樣一來，天津城裏，許多人都講安徽話。

所以，至今天津話裏仍然有安徽話的腔調。

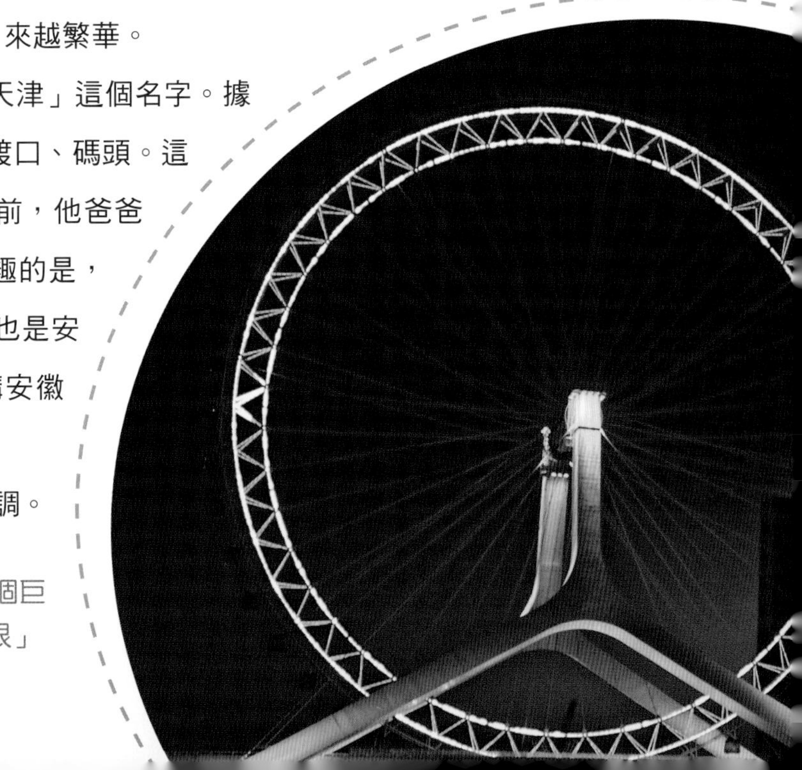

▶ 現在，天津三江匯合的地方，有一個巨大的摩天輪，大家都叫它「天津之眼」

天津城的出現

天津城的出現、發展和運河息息相關。連老百姓日常的飲食也和大運河密不可分。

比如說天津最出名的狗不理包子，模仿的就是江南的湯包。北方人喜歡吃饅頭，所以南方的湯包的皮，到了天津就改良成了半發的麵皮。

除了狗不理包子，天津還有很多美味的小吃。據說，是因為那時候大運河上來往貨船太多，碼頭上的搬運工人常常忙得沒有時間好好吃午飯，所以，各種方便快捷的美味小吃就特別受他們的歡迎。

▼狗不理包子

▼天津麻花

▼炸糕

▲熟梨糕

▲煎餅果子

「能吃的博物館」

現在，天津還有一座「能吃的博物館」，是一家私人博物館——華蘊博物館。它和童話裏用蛋糕做屋頂、冰糖做玻璃的房子不一樣，它是用中國古代瓷片裝飾出來的瓷房子。這些碎瓷片，很多是當年南方瓷窯通過大運河運給皇帝的珍貴瓷器中被發現有瑕疵的瓷器。這些瓷器既不能送到北京，又不能流入民間，就敲碎了，留在了天津。

▲天津瓷房子

山西人在山東

我們繼續南下，北方的運河邊上，已經寒風凜凜。抬頭望去，光禿禿的樹丫是天空唯一的點綴。河面上，滿是一排排的貨船，順着運河逆風而上，一羣年輕小伙子拉着貨船，哼着調子，走得汗流浹背。

岸上有人喊：「嘿！加把勁啊！趁着天津段運河還沒有凍上，把這批茶葉運上去。我們就好過年啦！」這個人的背後，有一座美麗的大房子，屋簷高挑，雕樑畫棟。邊上一個孩子說話了：「凍上了多好，可以在冰上玩，還可以鑿開冰釣魚。」「維齡，功課温習好了？」聽到這句話，這個叫維齡的小男孩一溜煙跑進房子去了。房子的院裏鋪着石板路，種着翠竹，他七拐八拐，跑到最大的那間房子裏了，那裏有座關羽關老爺的雕像，他的故事可好聽了，還有一把帥氣的青龍偃月刀。當然，大人們的看法不一樣，他們常常來向關老爺祈禱生意興隆、財源廣進。

大人們還會聚在小廂房裏聊絲綢、茶葉、木頭、藥材、糧食的買賣，沒有一樣是維齡喜歡的，維齡更希望大人們快點忙完，好帶他回山西的平遙老家。上次爸爸寫信回去，維齡特意在信裏寫了兩句，讓爺爺轉告隔壁的立泰，讓他跟爸爸媽媽從草原回來的時候，給他帶一把牛骨頭做

晉商

在明清時期，山西商人是中國非常出名的生意人羣體，他們走遍全國各地，甚至包括俄羅斯等其他國家，銷售鹽、絲綢、茶葉、木頭、藥材、糧食等。在山東西部，由於京杭大運河經過，交通非常便利，成了山西商人聚集的地方。

通常意義的晉商指明清500年間的山西商人。晉商經營鹽業、票號等商業，尤其以票號最為出名。晉商也為中國留下了豐富的建築遺產，著名的有喬家大院、常家莊園、曹家三多堂等。明清晉商利潤的封建化，主要表現在捐輸助餉、購置土地、高利貸資本等方面。

生活在我身邊的孩子們男耕女織。

生活在我身邊的孩子都熱愛貿易。

的彈弓回來。作為交換，維齡會給他帶一個聊城的雕刻葫蘆。

原來，這裏就是聊城的山西商人最常來的一個地方，叫山陝會館，是山西、陝西的生意人在山東聊城開的老鄉們聚會的地方。山西有許多地方土地貧瘠，所以很多人只好出門找生計。山東離山西近，而山東境內的京杭大運河帶來太多的生意，許多貨船帶來的東西可以在當地賣，當地的特產又可以賣到外地，所以，山東吸引了特別多的山西人來做生意。

▼山陝會館

運河收費站

這會兒，我們要講講運河上時不時攔住來往船隻的一些收費站了。就像我們今天的高速公路一樣，京杭大運河上也有收費站，叫「鈔關」，裏面的工作人員按照來往船隻行駛的距離和裝載的物品來收取費用。

這一天，淮安的鈔關來了一位老人。他的表現讓鈔關非常頭疼。老遠就看到他坐的小船想偷偷過關不付費，鈔關守衛好不容易攔住他了，吩咐：「過關是按照順序過的，請你排隊。」這位老人家突然提高聲調，揚言：「我是京城來的大官，你竟敢阻攔我！告訴你們監督，宰相劉大人在此。」監督趕緊來了，一看，是一名穿着老百姓服裝的老人，於是責令手下把這個老人綁了：「該當何罪，冒充劉大人！」老人一看要真綁他，慌了，忙解釋：「我是陪皇上下江南的劉墉啊。待會萬歲就到了！」這下更沒有人信他了，老者準備逃跑，沒有成功，被鈔關監督綁在最顯眼的旗杆上示眾。

不久之後，鈔關真的收到乾隆皇帝到達的消息，而且還證明綁在那的就是宰相劉墉。大家才趕忙把劉大人從旗杆上鬆下來 。皇帝不禁感歎：「聽說淮安鈔關執法嚴明，親身來試了一試，果然名不虛傳！」

中國八大鈔關

明代禁海，京杭大運河是全國商品流通的主幹，全國八大鈔關有七個設在運河沿線，從北至南依次為：崇文門（北京）、河西務（清代移往天津）、臨清、淮安、揚州、滸墅（蘇州城北）、北新（杭州）。至萬曆年間，運河七關商稅共計 31 萬餘兩，天啟年間為 42 萬餘兩，約佔八大鈔關稅收總額的 90%。

當時，最出名的要算臨清鈔關。臨清，可能我們現在對這個名字並不熟悉，但是在運河運輸繁華的時候，它可是南北水路要衝，是一個商業都市、軍事重鎮、倉儲要地，手工業還超級發達。

▲臨清鈔關

▲揚州鈔關

沿着運河往南走

煙花三月下揚州

「揚州」兩個字，總不斷出現在古代的詩歌裏。唐代詩人李白送好朋友孟浩然沿長江順流而下，前往揚州時，曾經寫下了千古流傳的美麗句子：「故人西辭黃鶴樓，煙花三月下揚州。孤帆遠影碧空盡，唯見長江天際流。」另外一個叫杜牧的詩人在揚州逗留了一陣，離開之後，給揚州的老朋友寫信，問起揚州說：「二十四橋明月夜，玉人何處教吹簫？」

揚州，到底是一個甚麼樣的地方？讓帝王、文人、墨客全部都這麼牽掛？

原來，古代的揚州是個超級商業市場，由於處在長江和京杭大運河的交叉位置，交通便利，

桃紅柳綠是我李白心裏的江南色彩。

江南

人們常說的江南，是長江中下游南岸一帶（如江浙）。從唐代開始，由於經濟發達、文化繁榮、風景秀麗，江南成為美麗、富庶、令人憧憬的地方。唐代的韋莊是這麼說江南的：人人盡說江南好，遊人只合江南老。春水碧於天，畫船聽雨眠。

長江沿岸和京杭大運河沿岸的特產都集中到揚州城內，大家既可以賣特產又可以買到自己需要的貨物。

古代的揚州還是個超級有服務意識的消費城市，顧客的需要常常得到最好的滿足。美味的飯菜、優質的戲曲、精緻的漆器、精妙的園林、細膩的化妝品……據說還有一個關於乾隆下江南的故事，一次乾隆皇帝經過揚州，對揚州的美讚不絕口，只是美中不足，他說：「這裏沒有北京北海裏的白塔。」一個商人聽了，趕忙按北京白塔畫出圖紙，一夜之間就讓工匠給蓋好了。第二天，乾隆一看，非常驚訝他們的效率，並讚揚他們服務態度好。

跟着林妹妹逛蘇州

想像一下，我們的船靠在岸邊，在一個寒冷霜凍的夜晚，月亮低低掛着，鳥兒偶爾叫上一兩聲。江邊的楓樹和漁船上的燈火，讓船上的人充滿愁緒。就在這時，城外的寒山寺夜半敲鐘的聲音悠然傳到了客船裏。你猜，這艘船停在哪裏？是的，唐代詩人張繼在這裏寫下了著名的《楓橋夜泊》：「月落烏啼霜滿天，江楓漁火對愁眠。姑蘇城外寒山寺，夜半鐘聲到客船。」這裏是蘇州。

從楓橋往東走一段距離，就是閶門，《紅樓夢》裏那位多愁善感的林黛玉的家就在這裏。《紅樓夢》的作者曹雪芹誇那裏「最是紅塵中一二等富貴風流之地」。我們不妨敲敲林妹妹的家門，跟着她到處逛逛。

▲走一走楓橋

▲逛一逛蘇州園林

▲登一登虎丘塔

蘇州水網密佈，連着京杭大運河，附近的安徽、江西、湖北、湖南要往京城運送糧食，都首先集中到閶門，所以，這也是蘇州最繁華的商業區。就像詩人描述的：「君到姑蘇見，人家盡枕河。」走過小小的石板橋，河水拍着岸邊的石頭砼砼地響，在只能並行兩三個人的小街上，房子座座都挨着河，賣着讓人眼花繚亂的東西。林妹妹說，閶門附近還有許多小巧玲瓏的蘇州園林可以逛逛。不要小看小小園林，它們在地大物博的中國，被列為最美十景之一。花園的建造者們通過佈置花草、石頭、路徑、亭台樓閣，營造出情景交融、移步換景、精巧雅緻的特色。運氣好的時候，能在園子裏遇上蘇州評彈的表演，樂師穿着白色的長衫，旁邊的女子盤着頭髮，低吟淺唱。園子裏的微風、音樂都拂面而過，美妙極了。

後來林妹妹在京杭大運河坐船去北京投靠了親戚。還有人特意從蘇州虎丘帶了許多特產給她，比如說香粉花扇、捏泥人之類的手工藝品，害得本來就愛哭的她眼圈紅紅的。是呀，許許多多江南人士，由於到北方擔任官職或者經營生意，不得不留在京城，偶爾能取道大運河回趟南方的家鄉。所以，思鄉的人說：「醒聽北人語，夢聽南人歌。」（我醒來的時候聽到的是北方人的口音，夢裏聽到的卻都是南方的吳儂軟語。）不知道林妹妹會不會夢到故鄉小巷裏，賣花女孩清脆的聲音：「阿要茉莉花、白蘭花、梔子花……」

四大名著與大運河

大運河流過的地方有許多繁華的城市。其實，如果我們細心去讀一讀中國的四大名著，我們就會發現，這四部名著全部都和大運河有關。除了我們講到的《紅樓夢》，《水滸傳》裏寫的梁山好漢，就在運河邊上紮寨。《三國演義》和《西遊記》的作者呢，就出生在運河沿岸。

▲聽一聽蘇州評彈

▲買一買紀念品

大運河上的橋

如果，有人和你說：「我走過的橋比你走過的路還多！」你千萬別以為他一把年紀了。因為，如果你來到南方的運河上，你也會有機會走過數也數不完的橋！江南段的運河，由於和眾多湖泊、河流交叉，有很多很多橋。

在這片水鄉澤國上，出現比較早的橋大多是木頭的，塗着紅色的油漆。所以，有詩人看到江南多橋，便寫道：「綠浪東西南北水，紅欄三百九十橋。」

後來，慢慢流行起石橋。剛才我們講到的蘇州，就有許多造型各異的橋，比如宋代修建的行春橋，是一座九孔石拱橋，幾處溪流分別經過它不同的洞裏。據說每年八月十五，月亮剛剛升起來的時候，橋下能看到九個月亮。我很好奇，它為甚麼不叫九月橋呢？杭州西湖上有白娘子和許仙相會的斷橋。據說大雪剛停的時候，斷橋蓋着白雪，向太陽的一面，積雪融化，露出褐色的橋面，彷彿白鏈中斷了。美麗的白娘子在這裏遇見了許仙，橋和故事都那麼美麗浪漫。而水鄉烏鎮的橋，由於太多，常常放眼看去，是橋上看橋！

所以，有的人說，江南的橋美得像夢。不過，古代的橋樑設計師們也有話要補充呢：「我們修建的石橋，用現代的話說，是美學和力學的統一！我們的橋樑設計得高大堅實，中間孔最大，兩邊孔依次縮小，全橋形成自然的縱坡，既和河岸很好地銜接，又便於船隻穿行，即使貨船的桅杆有八九米，也可以直接過去。」

▼蘇州太湖上的現代大橋

▲斷橋

自我介紹

姓名：斷橋

家鄉：杭州西湖

生日：唐代

關於我的傳說：民間愛情傳說《白蛇傳》的故事發生於此。傳說白娘子與許仙在斷橋相會。

最值得看的景色：斷橋殘雪

▲行春橋

自我介紹

姓名：行春橋

家鄉：蘇州石湖

生日：宋代

關於我的傳說：相傳每逢農曆八月十五，可見該橋每個橋洞中各有一個月亮映在水中，其影如串。

最值得看的景色：石湖串月

▼覓渡橋

自我介紹

姓名：覓渡橋

家鄉：蘇州

生日：元代

關於我的傳說：傳說該水段曾經水域寬闊，不靠船舶無法通行。但船夫欺凌旅客，甚至掠奪乘客的財物，昆山和尚敬修也差點遭殃，於是敬修上訴到官府，治了船夫的罪，同時募捐建造此橋。

最值得看的景色：覓渡攬月

▼拱宸橋

自我介紹

姓名：拱宸橋

家鄉：______________________________

生日：______________________________

關於我的傳說：________________________

最值得看的景色：______________________

乾隆把西湖「搬進」北京

我們看了一會江南的美景，接着來講講沿着大運河南下的乾隆皇帝，他一路上看過來，評價說：「上有天堂下有蘇杭，美景盡在杭州。」

但是，沒有人知道，那時候的杭州到底美成甚麼樣子！有人說可以去讀讀寫杭州的古詩，有人說可以去看畫師為西湖作的畫。下江南的乾隆皇帝給我們提供了一飽眼福的機會。他難道帶了一流的相機？

乾隆皇帝來江南旅遊了好多次。

西湖與蘇東坡

蘇東坡曾在杭州任知州。他寫過我們很熟悉的詩「欲把西湖比西子，淡妝濃抹總相宜」。為了紀念他對杭州西湖治理的功勞，西湖中一個堤用蘇東坡的名字命名。它叫＿＿＿＿＿＿＿＿＿。

四大徽班進京

江南實在太好玩了，乾隆皇帝還在江南聽戲入了迷。

回了北京，乾隆下令，讓在揚州做生意的安徽人江春把他的四個戲班「春台班」「三慶班」「四喜班」「和春班」帶到北京祝壽。這就是大家津津樂道的「四大徽班進京」的故事。徽班在北京扎下根來，並且博採眾長，慢慢發展成了現在的京劇。

▲徽班進京

每次要坐船回北京的時候，為了多看一眼美麗的杭州，乾隆皇帝只能踮起腳，不捨地回望，直到看不見為止。

後來，乾隆想出了一個辦法，在北京複製杭州西湖看到的美景！他在圓明園裏建了一模一樣的「西湖十景」，比如說雷峰夕照、三潭印月、平湖秋月等。

▲這是冬天，它在北京

▲這是春天，它在杭州

▲頤和園長廊

乾隆也以西湖做模板，打造了北京的頤和園。還把江南美好的風景，都畫在頤和園裏的長廊上。你說，走進頤和園，是不是能看到很多乾隆時代的西湖影子呢？

仔細觀察兩幅地圖，判斷一下哪幅是北京頤和園平面圖，哪幅是杭州西湖平面圖。

甕山
大報恩延壽寺
西湖
西堤

孤山
孤山行宮
西湖
蘇堤

答案：左圖是頤和園，右圖是西湖。後來乾隆皇帝把北京西湖改名昆明湖，甕山改名萬壽山。

故事四

運河水往何處流

大運河的三個問題

大運河的水，就這樣流了兩千年。

突然，這一年的夏末秋初，大運河沿岸的鎮江成了一片火海。守城的士兵死的死，傷的傷。原來英國人的船艦打過來了。很快，英國人控制住了長江與京杭大運河的交叉點——鎮江，由南往北運送的糧船全部被攔住了。遠在北京的皇帝，很快就選擇了簽訂英國人提出的不平等條約以求停戰，那就是 1842 年的《南京條約》。

鎮江保衛戰是中英鴉片戰爭中的一場戰役。1842 年 7 月 22 日英軍進犯鎮江。青州旗兵浴血奮戰，重創英軍。

又過了十多年，大運河沿岸來了許多廣東、廣西口音的人。他們的打扮完全不像清朝的老百姓。頭髮披散，也不刮掉部分頭髮。在南京，他們建立了一個反抗清政府的政權——太平天國。京杭大運河最繁華的地段連年戰爭，人民流離失所。

與此同時，北方的黃河也像一個任性的孩子，隨意改變了它入海的河道。這樣，山東這一段的運河，就沒有辦法使用了。

面對這些問題，北京的官員出了一籮筐的主意：東北土地肥沃，去開墾吧！河北離北京近，也可以種點糧食好供應北京……

其實，除了連年戰亂、河道改變等問題，京杭大運河還遇到其他的挑戰。比如說，從外國輸入中國的輪船可以在大海上運送更多的貨物。而火車這個「冒煙的怪物」也很快跟着外國人來到了中國，它突突地跑着，運送量大得驚人。慢慢地，京杭大運河上的船隻越來越少，它在南北交通、貿易中扮演的角色開始變得沒那麼重要了……

我們忙着逃命，還種甚麼田，哪來多餘的糧食運給北方？

◀太平天國浮雕

太平天國（1851—1864）是清代後期的一次由農民起義創建的農民政權，也是清代歷史上最大規模的農民戰爭。

▲受到污染的運河
▲逐漸荒廢的運河北段
▲造成污染的運煤

大運河老了

那，大運河的水還在流淌嗎？

「在。」大大小小的鯽魚，游過來，這麼回答說。但是，為甚麼你們看起來好像特別胖？

「在。」黑黑的泥鰍也扭過來，證實鯽魚們的觀點。但是，為甚麼你們身上隱隱約約帶着紅色斑點？

「在。」活潑的草魚從水草裏鑽了出來，這麼回答。但是，為甚麼你們的尾巴看起來不對勁？

「在。」河上的漁夫悶聲悶氣地回答，「但是，河裏的魚已經越來越少。」那些魚為甚麼長得這麼奇怪？「在南方大運河沿岸，開了許多工廠，造成了污染，你看看，排出來的水都是黑的。剛才你見到的魚因為水污染長畸形了。還有很多魚根本沒有辦法生活在這裏。」

「在。」河上浩浩蕩蕩的船隻回答，「我們從北方運來煤炭、沙子、水泥、建築材料。上海是我們最喜歡去的城市，那是中國最大的水泥消費市場。不信，你看看他們新蓋了多少房子！」

那麼北方的大運河呢？它還在流淌嗎？「有的由於斷流消失了，有的成了當地的排污溝、垃圾處理站，幸運一點的，成了玉米地。有的部分由於北方乾旱，只有一點點水在流淌，像條小水溝。」

今天的大運河，昨日繁華已然不再。南北殊途，南段還算熱鬧，北方幾近荒蕪。

對治理運河，我的建議是：______________________

____

____

____

____

大運河「申遺」

大運河老了，在運輸貨物上也幫不了太多忙了，我們還要關心它嗎？

是，大運河就像一個老人。家裏的孩子一早起來，忙着去上學了，在校園裏和同學們歡聲笑語。家裏的年輕人一早起來，告訴一下家裏的老人家：「晚上回家會晚，你一個人吃飯吧！」

大運河非常失落，帶着滿肚子的故事在街上溜達。結果遇到了老朋友長城。想當年，大運河和長城都被稱為古代工程的奇跡，那時候，他們都年輕，一個站在山上，保家衞國，抵抗外來侵略。另一個一手拉着杭州，一手拉着北京，看着河邊一個又一個的城市長大、長高，越來越美麗、繁榮。

長城急匆匆地和大運河打招呼：「你去哪裏呀？」大運河還沒有來得及回答，長城就像風一樣過去了。大運河只來得及看到他漂亮的衣服和歡天喜地地跟着長城跑的孩子們。大概，哪裏又邀請他去講故事了？

是啊，長城被評為「世界文化遺產」了。大家都知道他很重要，對他照顧得不得了。大運河回到家，心裏想：要不，我也去申請評個「世界文化遺產」？

大運河果然得到了許多的支持，幾個省市聯合起來一起去申報世界文化遺產。得到那麼多的幫助，大運河信心滿滿，覺得「世界文化遺產」這個名號能輕易拿到。誰知道，這條「申遺」之路一走就是 7 年。當 7 年後的 2014 年，大運河的兒子興高采烈地告訴他「申遺」成功時，大運河還不敢相信呢！

世界遺產

世界遺產是指被聯合國教科文組織和世界遺產委員會確認的人類罕見的、目前無法替代的財富，是全人類公認的具有突出意義和普遍價值的文物古跡及自然景觀。截至 2019 年 7 月，中國共有 55 項世界遺產（包括自然遺產 14 項，文化遺產 37 項，雙重遺產 4 項，含跨國項目 1 項）

▲世界文化遺產的標誌

艱難的 7 年申遺之路

2006 年 12 月 大運河申遺項目開始着手準備申遺的前期工作。

2009 年 4 月由國務院牽頭，8 個省市和 13 個部委聯合組成大運河保護和申遺省部級會商小組，正式建立省部協商機制，大運河申遺上升為國家行動。

2013 年初國家文物局正式確定了首批申遺點段，它們分佈在 8 個省市的 31 個遺產區，涉及 27 段河道和 58 處遺產點，河道總長 1011 公里。

2014 年 6 月 22 日在卡塔爾首都多哈召開的第 38 屆世界遺產大會上，審議並通過中國提交的「大運河」申請，中國京杭大運河項目成功入選《世界文化遺產名錄》，成為中國第 32 項世界文化遺產。

成為「世界文化遺產」意義非凡， 你認為中國還有哪些項目可以「申遺」？現在你是申遺小組的一員了，請寫一封信給世界遺產委員會，闡明這個項目能夠成為世界遺產的原因。

我為 ______________________ 申遺

____

____

____

____

____

我的家在中國・道路之旅 ③

你想聽哪個水鄉的故事 京杭大運河

檀傳寶◎主編　葉王蓓◎編著

責任編輯：楊　歌
裝幀設計：龐雅美
排　　版：龐雅美　鄧佩儀
印　　務：劉漢舉

出版 / 中華教育
香港北角英皇道 499 號北角工業大廈 1 樓 B
電話：（852）2137 2338
傳真：（852）2713 8202
電子郵件：info@chunghwabook.com.hk
網址：https://www.chunghwabook.com.hk/

發行 / 香港聯合書刊物流有限公司
香港新界荃灣德士古道 220-248 號
荃灣工業中心 16 樓
電話：（852）2150 2100
傳真：（852）2407 3062
電子郵件：info@suplogistics.com.hk

印刷 / 美雅印刷製本有限公司
香港觀塘榮業街 6 號
海濱工業大廈 4 樓 A 室

版次 / 2021 年 3 月第 1 版第 1 次印刷

©2021 中華教育

規格 / 16 開（265 mm x 210 mm）

本書繁體中文版本由廣東教育出版社有限公司授權中華書局（香港）有限公司在香港特別行政區獨家出版、發行。